小猛犸精选科普绘本

天空

〔法〕朱丽叶·艾因霍恩/著
〔法〕埃莱娜·德鲁韦尔/绘
张姝雨/译　　大宝老师/审

电子工业出版社·
Publishing House of Electronics Industry
北京·BEIJING

在古人眼中，天空是诸神汇聚的神圣领域。天际万象犹如"天书"，凡人渴望一一解读：看夜空月食，猜测是怪物将星辰囫囵吞下；观飞鸟行迹，推想它们传递着重要的信息；望向耀眼烈日，随即笃信它是万能之神……自古以来我们乐于相信自己目光所及的事物，这便是"眼见为实"一词的由来：在旧时的先知和智者眼中，我们生活的地方是一个静置在寰宇中心扁平的"圆盘"（即大地），其上覆有遍布孔洞的穹顶；穹顶之外悬有无数"火球"，包括位置固定的星体（恒星：他们认为所有这种星星与我们的距离都是一样的）和游移不定的星体（行星）；天空中的所有星辰以四季为轴往复运转，天宇的四方四时都有神兽守护——在古老的中华文化中，它们被称为"四象"：东苍（青）龙，西白虎；南朱雀，北玄武。

古人望天

在很长一段时间里，占星术（星体位置对事物影响的一种学说）与天文学（研究星体的科学）交织在一起，关联密切。从青铜时代开始，人们就意识到了"二分二至（二分：春分秋分；二至：夏至冬至）"的周期性，并将其与季节更迭联系在一起。通过记录星体升落的轨迹，古代学者绘制出了日历，还将天空划分为多个区域，并使用日晷度量时间。通过把若干星星"连线"，他们在夜空中画出了沙漏、猎犬、大熊等图案——这些星座在数个世纪中为航海者和探险家指明方向。

古希腊人借由诸神之名为世界赋予意义。传说中银河便是出自天后赫拉之手：当她把正在吃奶的赫拉克勒斯（宙斯之子）从自己的胸前拉开时，乳汁溅洒在天穹上，形成了一条"乳白色的丝带"。在埃及人眼里，银河是天上的河流。在美洲印第安人的传说中，银河是一条巨犬撒落玉米粒的痕迹。在玛雅文明里，银河被视为是灵魂升天的必经之路。

春分/秋分：一年中太阳直射赤道的两个时刻，分别标志着春天和秋天的开始。二分之日，昼夜时长相等。

夏至/冬至：一年中太阳距赤道最远的两个时刻。在北半球，夏至出现在六月，是一年中白昼最长的一天，标志着夏天的开始；冬至则出现在十二月，是一年中白昼最短的一天，标志着冬天的开始。南半球则与此相反。

埃及神话中的天空

在古埃及文明中，天空是女神努特的化身。作为众星之母，她在傍晚吞下太阳，然后每天清晨再将它重生于世界。她的手指和脚趾轻触地面，星光熠熠的身体在上方延展开来，以这样的姿态保护着大地。雷鸣是她的笑声，落雨是她的泪水。她的父母是空气之神和雨水之神，她的丈夫是大地之神。

舒（SHU），风和空气之神

努特（NUT），天空女神

盖布（GEB），大地之神

埃及神话中的天空

在古埃及文明中，天空是女神努特的化身。作为众星之母，她在傍晚吞下太阳，然后每天清晨再将它重生于世界。她的手指和脚趾轻触地面，星光熠熠的身体在上方延展开来，以这样的姿态保护着大地。雷鸣是她的笑声，落雨是她的泪水。她的父母是空气之神和雨水之神，她的丈夫是大地之神。

天空是什么？简言之，就是我们抬头仰望时，看到的头顶之上天幕。这个无边无际的领域宛如一张无法触及的穹幕，一直吸引着人们的目光。人们渴望解读它，研究它，探索它的终极秘密。

天空并不是一块有形的天花板，而天空之下的地球由大气包裹着。大气可以将热量留存在底部，地球因此才得以生机勃勃——如果其上没有这一层层气体的包裹，我们的星球将会变得白天灼热，夜晚冰冷。这些气层就像盾牌或滤芯一样，保护着我们免受太阳射线、太阳风或其他天体辐射的伤害。而今，保护我们的大气层由以下成分构成：气体（即"空气"，主要包括是氮气和氧气）、水和微粒（火山灰、花粉、植物孢子、海盐晶体、工业废料等）。

大气层层叠叠

大气层共有5个层次。其最底端是**对流层**——如果天空是座"摩天大厦"，那我们则住在"一楼"。从海平面算起，对流层向上延伸，直至我们头顶12千米的高度。处于对流层的气体很不稳定，空气流动性强，热量交换频繁，湿度变化较大。在这个活跃的气层中会发生各种天气现象：云、雨、雾、微风、暴风雨、龙卷风……在最底部的几千米内，水主要以气态、液态和固态的形式出现；鸟类也在大气层的对流层飞翔，包括一些能飞得很高的候鸟（长头雁能穿过喜马拉雅山脉）。对流层也是飞机的活动区域（民航客机在对流层顶部飞行，而有些军用飞机则沿着平流层底部飞行）。

中间层 大约距地表50~55千米至80~85千米

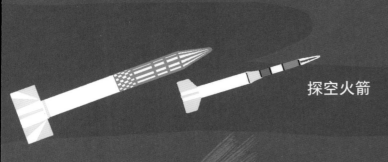

探空火箭

流星群

火流星
（较大的流星体）

夜光云

距离地表80~85千米至800千米的高度之间是**热层**。在这一气层，气温飙升至1000℃以上！体积很小的流星体会在这一距地高度汽化分解，形成流星。这一层大气密度很小，在700千米的高空，空气质量只占大气总质量的0.5%。

一颗沙粒大小的**流星**体进入大气层，出现短暂的发光现象，这便是一颗流星。其发光的尾迹仅在晚上可见。在到达中间层之前，流星就完全汽化分解了。

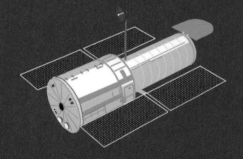

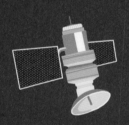

2000多颗**人造卫星**正围绕着我们的星球，在热成层和散逸层内绕轨运行。它们的用途多种多样：保障通讯、观测地球（气候、海洋、陆地）和太空、定位导航，等等。

自1990年"发现号"航天飞机发射升空以来，**哈勃空间望远镜**一直在距离地球表面约560千米高度的轨道上运行。它收集了银河系和其他遥远星系的数据以及前所未见的奇妙图像。

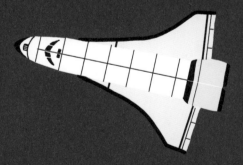

"发现号"航天飞机发射过许多颗卫星，为国际空间站输送补给品。

极光是一种引人入胜的大气光学现象，与偶尔活跃的太阳活动有关，在靠近两极的地区可见。出现在北半球的极光被称为北极光，在南半球出现的极光则叫作南极光。高能的太阳风粒子激发高层大气的原子，从而产生在夜空中曼舞的绚丽光带（绿色、红色、蓝色、紫色等）。

热层 从中间层顶到800千米的高空

流星（较小的流星体）

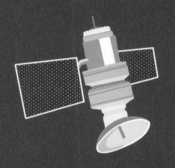

人造卫星

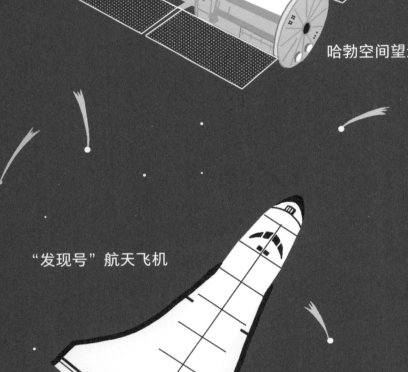

哈勃空间望远镜

"发现号" 航天飞机

极光

距地表800千米处向外的空间是**散逸层**，是地球大气层与星际空间之间模糊的过渡区域。大气密度随高度降低，所以这一气层的气体非常稀薄，粒子（氦和氢）不再受地心引力牵制，有些会飘散到外太空去。在这里，气温的概念与我们日常所理解的已截然不同。大多数卫星也正是在这一气层中绕轨运行。自古以来，人类一直都好奇天空的止境在哪里，于是，他们决定亲眼看看，一探究竟：首先，机器被送上高空；冷战期间，在美国和苏联的太空竞赛过程中，实现了载人飞行；1969年，尼尔·阿姆斯特朗踏上了月球，成为人类探索太空史的里程碑。此后，国际合作的时代开启，探测器被接二连三地发往木星、土星、火星……太阳系里的所有行星、冥王星、众多彗星以及小行星都被近距离拍下了照片。尽管如此，人类还有很多梦想有待实现：观察遥远的恒星、登陆火星、寻找外星生命存在的痕迹、飞到更遥远的地方，探索宇宙的边界……

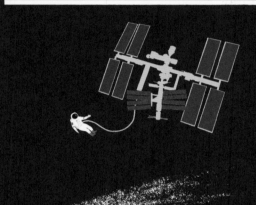

国际空间站是一个在轨运行的科学实验室。自2000年以来，空间站里一直有人在工作。其建设始于1998年，2011年竣工。

彗星是一种小型天体，它的核心是冰块和尘埃粒子。彗星绕着一颗恒星运行，当它靠近恒星时，会形成一个由气体和尘埃构成的光环——慧发，并拖着两条发光的长"尾巴"——这是气体和尘埃的运动痕迹。最著名的彗星是哈雷彗星，它每76年回归一次。

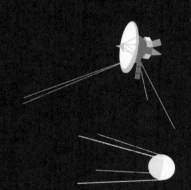

空间探测器，即无人飞船，用于探索太阳系，可近距离地研究各种天体。空间探测器是离我们最遥远的人造物体，它能飞到太阳系的边缘，甚至更远的宇宙空间。

1957年10月4日，苏联发射了第一颗人造卫星——**"斯普尼克1号"**。

1961年4月12日，在苏联"东方1号"太空任务中，**尤里·加加林**成为进入太空的第一人。

1969年7月21日，在"阿波罗11号"太空计划中，人类在月球上迈出了第一步：美国人尼尔·阿姆斯特朗和巴斯·奥尔德林先后踏上了月球的土地。

苏联的小狗**莱卡**——"斯普尼克2号"人造卫星于1957年11月首次送入绕地轨道的生物。

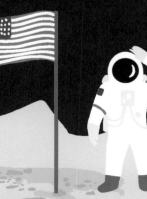

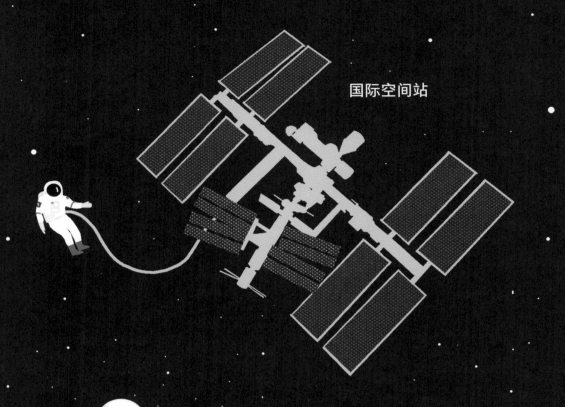

国际空间站

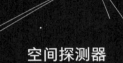

空间探测器

"斯普尼克1号"
人造卫星

彗星

"斯普尼克2号"
人造卫星和小狗莱卡

"阿波罗11号"
太空任务发射器
"土星5号"
运载火箭

"东方1号"宇宙飞船和
"尤里·加加林号"航天测量船

天空是一幢隐形的"大厦"：既有攀入宇宙的"高楼层"，也有贴近土地的"低楼层"，而且各个"楼层"里发生的事情也有"天壤之别"。我们的花园和草地犹如一个大舞台，两情相悦的甜蜜故事在此不断上演，令大自然永葆青春活力。

　　植物为了自身的繁衍，采取了非常机智的策略：在植物（雌雄同株）不自花授粉的情况下，它们会请来一些"帮手"——生物或者非生物——帮助自己将花粉粒从雄蕊（花朵的雄性器官）运送到其他花的雌蕊（花朵的雌性器官）上，从而推进繁殖进程。每朵花上有成千上万粒花粉，落到雌蕊的花粉进入花粉管中，使卵细胞受精，之后变成种子。这便是授粉过程，是植物生命周期中必不可少的步骤。

花 粉 之 舞

　　85％的有花植物通过小动物——主要是一些昆虫（蜂、甲虫、蝴蝶等）——尤其是蜜蜂来帮助授粉。为了吸引它们，植物的花朵在颜色、气味和形状等外在表现上争奇斗艳。双方互利共存：一方面，花朵所在的植物为昆虫提供庇护所（叶子、茎）和食物（花蜜，花粉）；另一方面，昆虫随身携带花粉，它们在花丛中游走的同时也四处散播了花粉。这种方式不仅促成了花朵的授粉，也在最大程度上保持了物种的多样性。

　　还有一些植物，如桦树、榛树、桤木、橡树、球果植物、禾本科植物等，采取另外一种方法来传播花粉——它们利用流动的空气传播花粉：乘着有力的风，花粉可以飘出数米，甚至可达数千米。相比之下，靠这种方式授粉更具偶然性。不过，为了提高成功授粉的概率，大自然懂得自我调整：这些植物的花粉粒更加微小、轻盈；这些植物产出的花粉数量也更多。■

蜂巢

风

蒲公英瘦果

花朵

蜜蜂
（传粉昆虫）

种子

嫩苗

根部

地球上已知的昆虫大约有一百万种，还有更多品种有待发现。昆虫出现于4亿年前，是最早适应了陆地生活的动物，也是极少数仍保持与其祖先形态相似的生物。昆虫数量日益减少的情况已经引起了科学家的广泛关注，因为它们的存在至关重要：昆虫会帮助植物授粉，是变废为宝的能手，还能抑制某些破坏农作物的害虫的泛滥。此外，它们也是许多动物的食物来源。至于鸟类，地球上大概有一万余种，它们是恐龙目动物仅有的后裔。凭借其流线型的身体和有力的翅膀，它们可以自由飞翔，是天空的"主人"。现在鸟类种类中有五分之一聚居在亚马孙雨林中，那里可谓是众多生物的天堂，昆虫种类更是数不胜数。

展翅翱翔

蚂蚱、蝴蝶、燕子、白鹳……无论昆虫还是鸟类，其中都不乏迁徙物种。它们会根据季节改变栖所，离开繁殖地而去一处可以觅食的越冬地。有些动物的迁徙之旅十分壮观，比如黑脉金斑蝶。不过最厉害的迁徙高手都是候鸟，比如北极燕鸥或灰鹱，它们每年往返于迁徙地之间的行程超过6.5万千米。出发前，它们会聚集在一起，为旅行囤积脂肪。

对有些候鸟而言，它们一生中大部分的时间都在空中度过，甚至会在飞行中进食和交配。它们成群结队地迁徙，以此保护族群中的大多数免受捕食者的攻击（猛禽除外）。大型鸟类（雁、鹤、鸭）为了节省体力，在旅途中会排列成一字形或人字形——其中最强壮的一只领航开路，其余同伴则可以随着气流滑翔。相比之下，椋鸟的迁徙队伍尤为庞大。迁徙中每个成员都会绕着圈在空中飞舞且不会相撞——这是多么出色的团队协作能力啊！■■■

天空是一个大型"化学实验室"：在热量和大量空气的作用下，海洋和土壤中的水蒸发成水蒸气飘散在空中。一旦到达一定高度，水蒸气便冷却并改变形态：从气态转变为液态或固态，形成包裹着杂质微粒（如海盐、花粉、污染颗粒物等）的水滴和冰晶悬浮在空中。这种冷凝现象促成了云朵的形成，好似一团团棉花糖挂在空中。

云 卷 云 舒

高空—距海平面5~13千米—冰晶

卷云： 像细细的半透明白色羽毛，不会产生降水。

卷积云： 如同绵羊毛一般的细小白色絮团。它不会引起降雨或降雪，但这是对流层不稳定的迹象。

卷层云： 如同乳白色的绸幔。虽然它遮得住蓝天，却可以被阳光穿透，形成光晕。这种云形成于大量稳定、温暖且潮湿的空气中，它并非预示着恶劣天气，但表明低气压迫近。

中空—距海平面2~6千米—水滴，也可能有冰晶和雪粒

高积云： 这些灰色或白色的云团有时呈卵石状分布，环饰在太阳或火月亮的四周。这种云表示天气将发生变化。

高层云： 淡蓝色或浅灰色，这种密实的层状云会漫天覆盖，太阳的光线可以穿透它，但不会形成光晕。这种云预示着夏日里绵绵细雨的到来或冬天的落雪时刻。

雨层云： 高度很低，如同厚厚的灰色幕布，看似从内部被照亮。这种云预示着云层将数小时内遮空蔽日且伴有持续降水天气。

贴近地面 距海平面
0~3千米之间——水滴，
偶见冰晶。

层积云：这些条状的云层
十分常见，呈现灰白色，
有明有暗，多在冬季里漫
天舒展，不伴随或很少带来
降水。

层云：很薄，呈均匀的半透明灰白色
云层，常引起细雨和雾霭，能将大厦
和山丘笼罩其中。

积云：纵向延展的云层，在晴空中呈现
耀眼的白色。在克洛德·莫奈的笔下不
乏积云的身影：或如松软的面包，或似
圆顶宝塔，又或者像是一棵花椰菜。

积雨云：它是块头最大的云。其形状如
同馒头或铁砧，内部的垂直漩涡会释放
出雷暴和其他强对流天气。

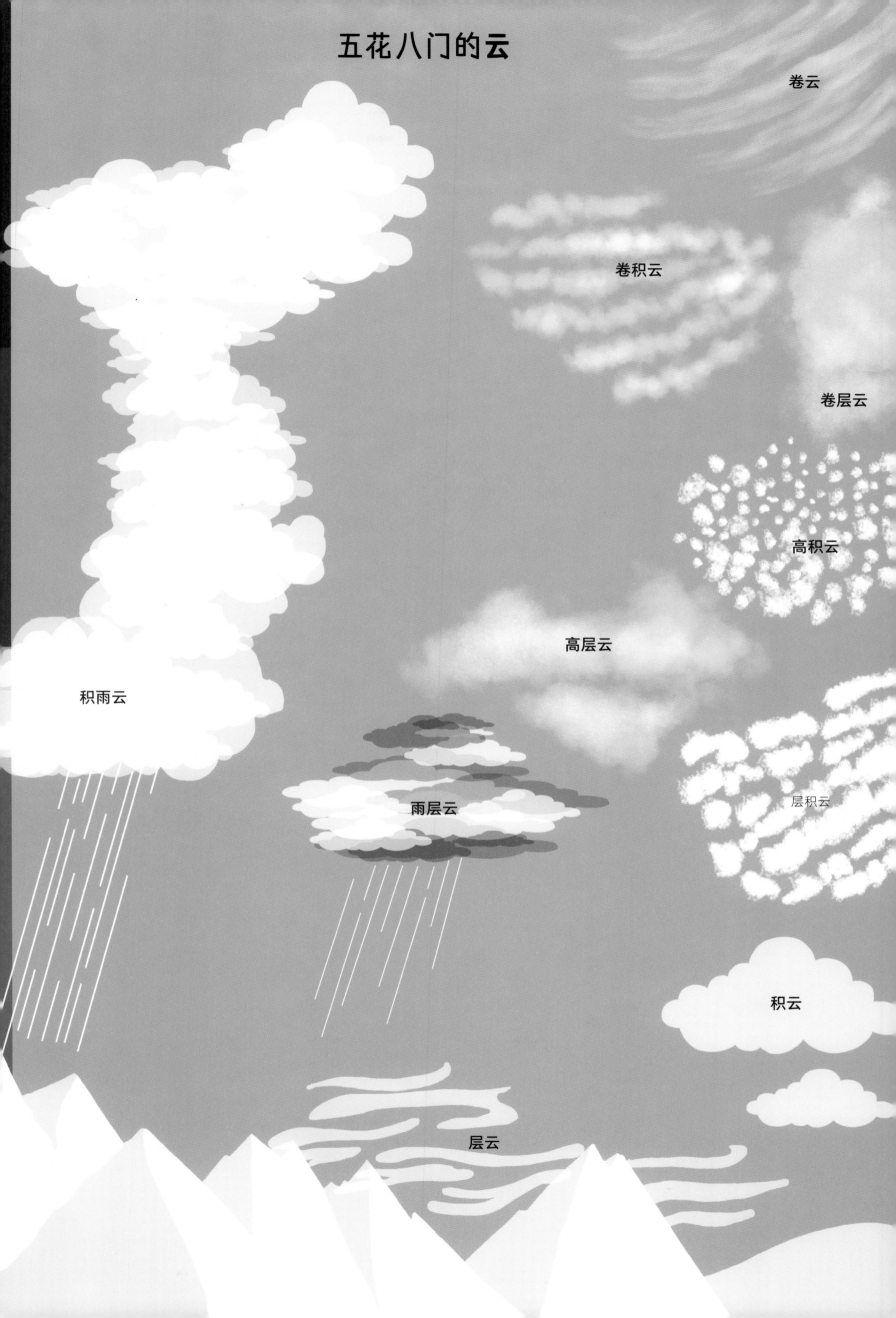

风是空气的运动，它来去无踪。虽然我们看不见它，却可以感觉到它拂过后颈或将头发吹起。和水、土、火一样，空气中并非"空无一物"：空气中分子的重量令地球"肩负重任"——这便是大气压！两个空间之间存在温差和气压差的时候，便会形成风。

风流动起来如同过山车一般：热量使空气分子振动并相互碰撞，空气因此变热膨胀，越来越轻，随后上升到高空中再逐渐冷却；相反，冷空气比较重，沉降到接近地面的低空区时便被吸引到低气压处（较热的地区空气相对稀薄）：这便形成了风。两极和赤道之间的温差以及地形的变化导致空气在高压区域和低压区域之间流动。不过，"风之舞"的形成还与另一个因素——地球——息息相关。风受到地球自转的影响，其路径也会发生偏移（在北半球向右，在南半球向左）。

根据风力影响范围、速度、方位及成因，地表的风可以划分为多种类型。想要对风进行测量，我们就要评估风向（风从哪儿来）和风速。

大风起兮

全球盛行风带覆盖的地区十分广阔：

• 在低海拔地区，风的走向恒定，风速均匀，包括信风（热带地区）、西风（温带地区）、极地东风（极地地区）。

• 高海拔地区的风更适合被称为气流，如西部气流、东部气流、喷射气流。

季风往往发源于大陆东海岸地区，覆盖范围较大（500千米至1200千米）。

• 季风是持续的周期性的风，在东南亚地区尤为显著。季风夏季从海洋吹向陆地，伴有充沛的雨水；冬季的季风流动方向则相反且空气较为干燥。

• 热带气旋是一个巨大的漩涡，它在南半球顺时针旋转，在北半球则逆时针旋转。其风眼（气旋中心）周围的"云墙"会引发暴雨，这里的风速每小时可达300千米。这种风产生在印度洋和南太平洋区域被称作"气旋"，在北大西洋和东北太平洋区域则被称为"飓风"，而在西北太平洋区域又被称为"台风"。无论称呼如何，这种风都有巨大的破坏性，因为它会引发海平面异常上升，这一现象被称为风暴潮。

地方性的风是指受地理环境影响而产生的可变风（范围在10千米至500千米之间）。地方风种类繁多，听听它们特征鲜明的命名吧：朔风、焚风、峡谷风、城市风、海陆风、山谷风、冰川风……

陆龙卷风

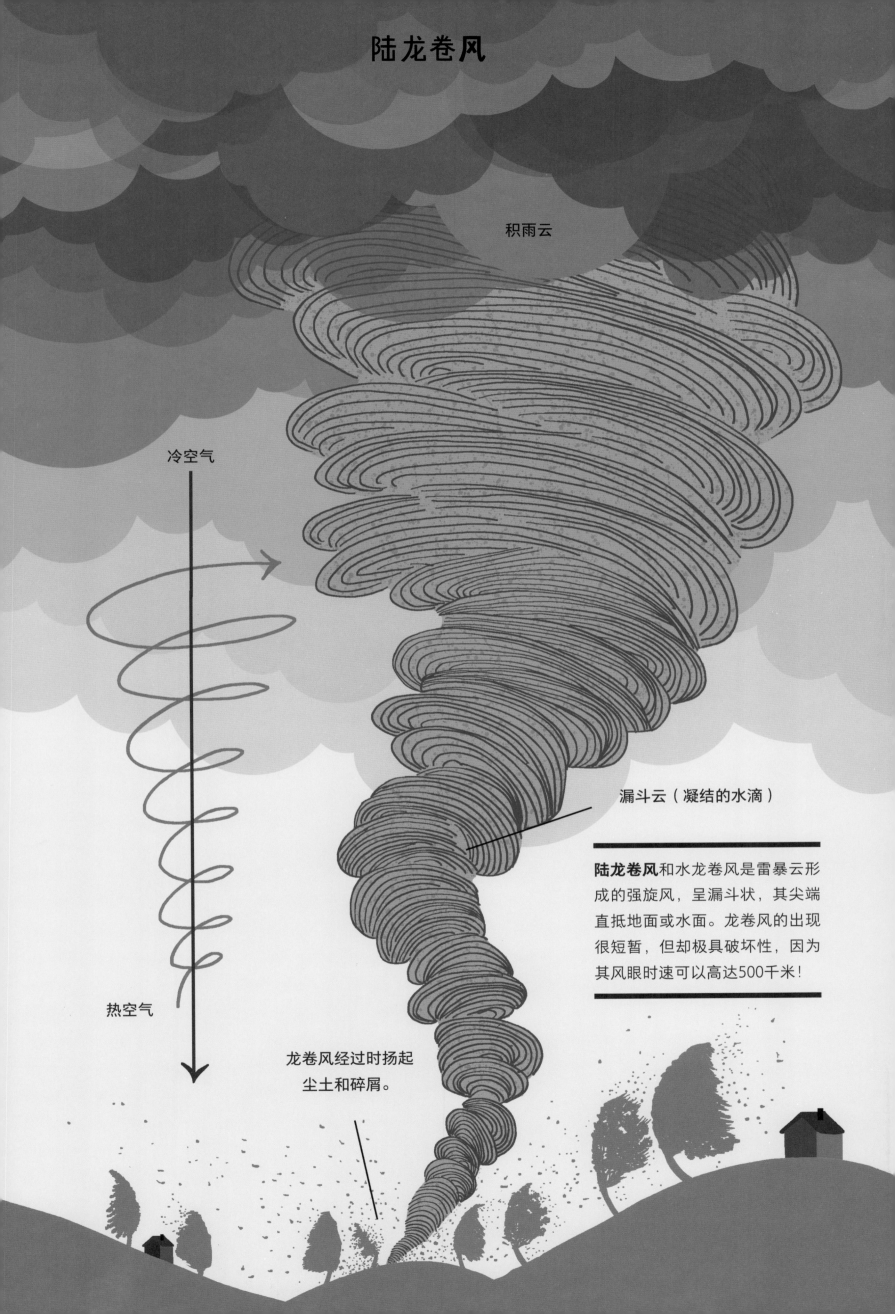

积雨云

冷空气

热空气

漏斗云（凝结的水滴）

陆龙卷风和水龙卷风是雷暴云形成的强旋风，呈漏斗状，其尖端直抵地面或水面。龙卷风的出现很短暂，但却极具破坏性，因为其风眼时速可以高达500千米！

龙卷风经过时扬起尘土和碎屑。

冰晶

冷空气

热空气

小水滴

雪花

正极

积雨云

负极

雪是固态水降落的现象。在大气运动的作用下，水蒸气（呈气态）上升凝结于云层顶端：这里的低温环境令水蒸气冷却成小水滴，而后继续凝结成微小的冰晶颗粒；冰晶不断聚合增长，便形成了雪花；雪花受到自身重力的影响落向地面。

天气的脾气有时很暴躁，这要归咎于积雨云：其云顶很高，云体浓厚且庞大，常产生雷暴。

天气变幻

大气不稳定时会引发雷暴天气：狂风大作，骤雨迅猛，甚至伴随冰雹和龙卷风。在积雨云中，空气的垂直运动十分剧烈：来自底部的湿热空气上升，来自较高层的冷空气下降。这些气流交织的同时，水滴与冰晶不断摩擦碰撞，水滴带走了冰晶中的负电荷。于是，在云层的顶部，集中着带有正电荷的冰晶；而在底部，则是带有负电荷的水滴。这样一来，云的上下两端之间如同电池一般有了电流的通路。当电流贯穿而过时，空气会被骤然加热（积雨云内部的温度可高达30000℃），从而引发闪电，并伴随震耳欲聋的雷鸣。

在雨天里，当太阳出现在地平线较低位置时，天空会呈现给我们令人惊喜的奇妙现象——**彩虹**。在与太阳相对的方位，一个彩色的半圆呈现在我们面前，由七条色带构成：红、橙、黄、绿、蓝、靛、紫。这其中有什么奥妙？白色的太阳光中包含着所有彩色光线。当阳光以40°折射向半空中的水滴，光波会偏离本来的方向，各色光线以不同的角度折射，便依次呈现出可见光谱中的七彩颜色。

闪电转瞬即逝，但却明亮夺目。它可能在两朵云之间或在云与地面之间迸现：这便是**雷电**。

雷声是云层放电使空气骤然受热膨胀产生的声波。

形成云的液体颗粒和固体颗粒非常小，所以在空中能处于悬浮状态。当这些粒子（通过碰撞、聚集、吸引）变大后，它们会因重力作用而落下，产生**降水**（细雨、雨、雪、霰或冰雹）。

伊卡洛斯的翅膀、莱昂纳多·达·芬奇及他的旋翼直升机……人类曾梦想模仿鸟儿翱翔天空，并想象出千奇百怪的飞行器。

1783年，一个充入热空气的气球升到空中——这是由孟戈菲兄弟设计出的热气球。只是它无法控制飞行方向。相比之下，亨利·吉法尔于1852年发明的飞艇则有了划时代的进步：它装有方向舵和用以驱动螺旋桨的发动机。待到1900年，齐柏林飞艇诞生，它是一架由德国人发明的大型飞船，被用于运送邮件和游客。

征服天空

伊卡洛斯是希腊神话中的人物，他的父亲代达洛斯用蜡和鸟羽为他制造一对翅膀，但他飞得过于靠近太阳，致使羽翼融化。

从飞行器"重于空气"的角度入手（在此之前，只有填充比空气轻的气体才能让飞行器离开地面），奥托·利林塔尔于1891年成功进行了首次可操控方向的滑翔，他依靠肢体动作来操控滑翔机的飞行方向；克雷芒·阿尔德发明的"埃俄洛"飞机配有形同蝙蝠翅膀的大机翼，在1890年首次实现了"重于空气"的机动飞行器的试飞——尽管离地高度只有几厘米。不过，真正实现机动化且可驾驶的飞行，是于1903年由莱特兄弟发明的"飞行者号"完成的。至于直升机，虽然早在1907年就进行了一些尝试，但其研发速度并不是很快；直到1935年，路易斯·查尔斯·布雷盖的"实验版旋翼机"成为第一架具有实用性的直升机。

第一次跳伞，早在1797年就已实现——当时起跳的飞行器是一只气球；直到1912年，从飞机上跳伞才得以完成。降落伞是让人逃离坠落飞行器的安全装置，其展开的布质伞衣可以减缓下落的速度。别忘了还有滑翔伞呢：1971年，史蒂夫·斯奈德将一种矩形伞衣进行了商业推广，命名为"动力伞"。它的滑行性能优于圆形降落伞，可让飞行者实现平缓起飞（起飞时不必纵身跳落）。此外，还有20世纪六七十年代广泛应用的滑翔翼。使用滑翔飞行时，飞行员要双手握住吊架控制飞行方向。

空中客车A380与上述飞行器不可同日而语——它是世界上最大的民用客机，于2007年投入运营。至于悬浮滑板（2016），其发明者弗兰基·扎帕塔已于2019年踩着它飞旋在水面和空中，横渡了英吉利海峡。天空广阔，我们的征服之旅仍在继续。

45亿年前，某个天体撞击了年轻的地球：碰撞后的碎片聚合在一起形成了月球，所以它原本就是我们星球的一小部分——作为地球的卫星，月球沿逆时针方向绕地球旋转，每转一圈所用的时间是27天7小时43分钟11.5秒。这个球体的表面不仅遍布群山、火山、环形山，还有月海——熔岩凝固后形成了广袤平原。地球的直径是月球的3.68倍，二者之间的距离约38.44万千米——放在宇宙中看，这个距离不过相当于一只小蚂蚁的大小！

月之圆缺

在太阳的照耀下，月球是我们在夜空中可见的最亮天体。它在围绕地球旋转的同时也进行自转，而且它自转和公转的周期相同，因此，它向我们呈现的始终是同一面。这一面的光亮部分有着规律性的盈缺变化：一个周期（所有月相）持续的时间略大于29天。当月球位于太阳和地球之间时，看起来好像消失不见了：此时的月相叫作新月，月球可见的一面其实只是没被照亮而已；之后，弯弯的月牙出现，并一天天"胖"起来。一星期后，月球、地球和太阳形成直角方位，使得月球朝向地球这面的一半被太阳照亮，夜空中的月亮便呈现出半圆状——该月相叫作上弦月。再过一星期，月球、地球和太阳依次排成一列，月球可见的一面则被完全照亮，是谓满月。再然后，当月球再一次位于与太阳—地球的轴线垂直的方位时，便形成了下弦月。只是这次，它被照亮的是朝向我们这面的另一半。最后，它愈发"消瘦"，只在深夜可见，形成了弯弯的残月。接下来，周而复始，月亮又要"消失"了。

凸月

满月

凸月

下弦月

上弦月

残月

蛾眉月

新月

满月

每个月，月亮似乎都在天空中和我们玩着循环往复的猫鼠游戏，这让人类很早便能对时间的流逝有了周期概念。月相因此成了人类最早的历法基础。中国古代地理著作《山海经》中已提到潮汐与月球的关系，东汉时期王充在他所著的《论衡》一书中明确指出："涛之起也，随月升衰"，第一次把潮汐成因与月球运动联系起来，为我国古代的潮汐理论与有关的生产实践活动（如航海）做出了杰出的贡献。

月亮总是那么令人心驰神往，古今中外的许多神话和传说都与之有关。比如，狼人的故事——被诅咒的人会在满月之夜变身成狼。

月历

每年，天空中都会上演4~7次神奇的景象：太阳或者月亮在我们的眼前凭空消失！其消失的可能是星体的一部分，也可能是全部。不过，地球上只有身处某些地域的人能欣赏到这种奇观。

日食只发生在新月之日，且太阳、地球、月球三颗星的排列接近直线的时刻：此时，月球运行到太阳和地球之间，恰好遮住了太阳这颗巨大的恒星。如何解释这种奇妙的现象？有些事情就是这么巧：事实上，太阳的直径是月球的400倍，而它与地球的距离也同样是月球与地球距离的400倍。这就是为什么从地球上看过去太阳和月亮好像一样大的原因。由此可知，当月亮在地球上投射出阴影区域，包括一小片本影区域和其周围的半影区域的时候，人会看到一点一点地被"啃噬"的太阳，直至太阳被月亮完全"吞掉"——这便是日全食的情况。

"食"隐"食"现

月球的轨道倾斜且呈椭圆形，因此并非每个新月之日都会发生这种"三点一线"的现象；如果轨迹重合的现象发生在月球位于距离地球较远端的时候，月亮的表观直径略小于太阳，那么在其遮挡太阳时，仍会露出一圈光环，这一现象被称为日环食。

月食只发生在满月之夜：此时，地球介于月球与太阳之间，形成"三点一线"，月球被笼罩在地球的阴影中，但它并未隐匿在夜空中，于是呈现出神秘的古铜色。这是因为太阳光经过地球大气层的折射和过滤——期间被吸收的蓝色光线多于红色光线——余下的微弱光线便"染红"了月亮。只要当时位于夜晚半球一侧的人们都能亲眼看见月食景象。

无论是日食还是月食，当位于中间的天体没有完全遮住太阳光线的时候，食相是不完整的，称为偏食，这看起来不如全食景象壮观。另外，观赏日食不可以裸眼直视，但月食可以。

轨道： 在重力作用下，围绕恒星旋转的行星或围绕行星旋转的卫星所运行的轨迹。要是月球绕地轨道与地球绕太阳的轨道处于同一平面，那么每个月都会发生一次日全食和一次月食！

有谁不曾对星光闪烁的夜空心生向往？我们的银河系是数千亿颗恒星的家园。其中离我们最近的恒星是哪一颗呢？当然是太阳了！它距离地球约1.5亿千米——如果我们以光速（30万千米/秒）旅行，那么会在8分钟内抵达太阳。如果继续前往其他临近的恒星"邻居"——比邻星，我们需要用四年多一点儿的时间。这些极度炽热的气体星球通过其核心的核聚变反应释放出能量（将氢转化为氦），它们散发出的光线穿越了空间和时间，到达了宇宙的边界。

星辰大海

一颗恒星的寿命是有限的——但不必惊慌，其寿命长达数十亿年！一旦恒星中的氢元素消耗殆尽，它会膨胀到原本大小的一百倍，变成红色巨星。最终，它的结局可能是衰变成如天狼星B一样的白矮星（密度极高的稳定恒星）；也可能以超炫的方式演化成一颗超新星（恒星的大爆炸），如SN1006一样为人津津乐道。超新星SN1006是人类有史以来见过的最明亮的星。

很久以前，古希腊和中国的天文学家绘制出"星图"来辨认方位：他们将星星连接起来组成不同图案，由此创造了星座的概念。为了精确边界，天空被分为88个星座，这些星座有的仅在北半球可见，有的仅在南半球可见。在北半球，最容易识别的便是北斗七星（勺子形状）所在的大熊座、W形的仙后座（在高纬度地区整晚可见）以及猎户座（连成一线的三颗星是"猎人的腰带"）。黄道带（英文Zodiac来自希腊语，本义是"小动物圈"）是指太阳和众多小行星在天穹上看起来可移动的区域范围。这一范围被划分为十二个星座，分别按照其图案特征命名。

酷暑之星

天狼星位于大犬座，是夜空中最明亮的恒星。在北半球的盛夏时节，它与太阳同时升起。

*在计算恒星的距离时，长度单位用**光年**表示。光年是光在真空中行走一年所经过的距离，约等于9.5万亿千米。

星座

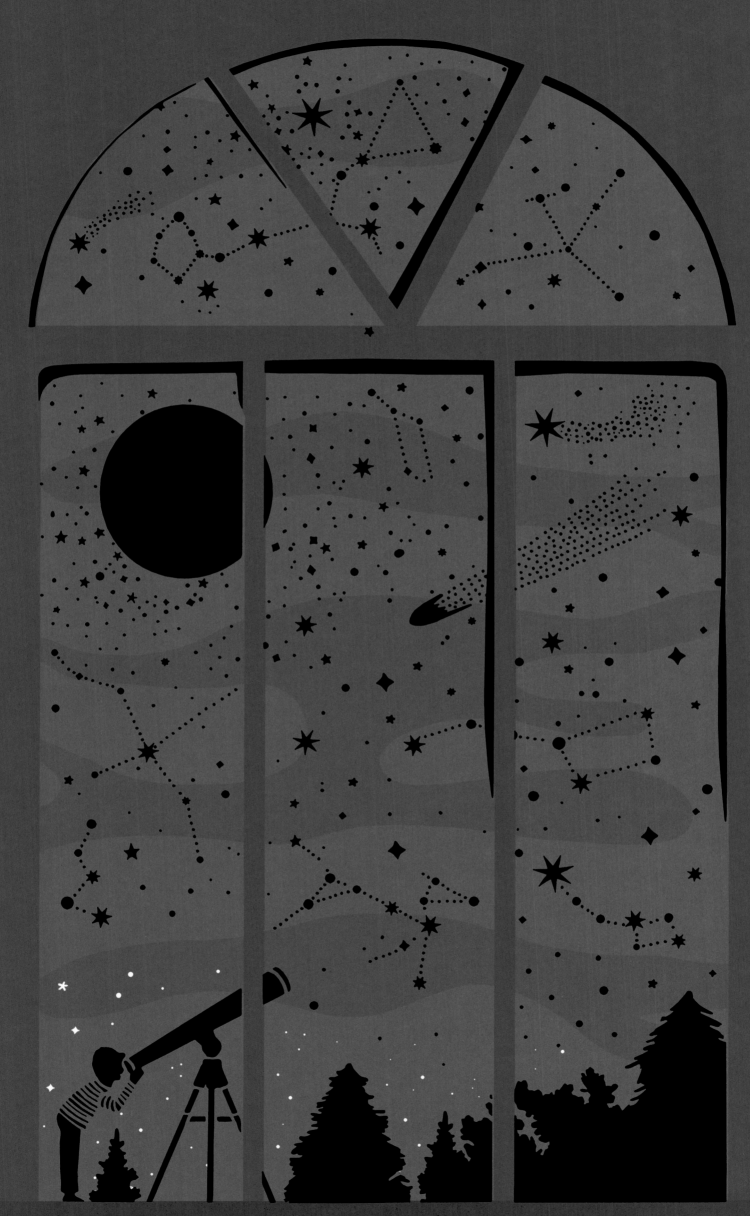

星座

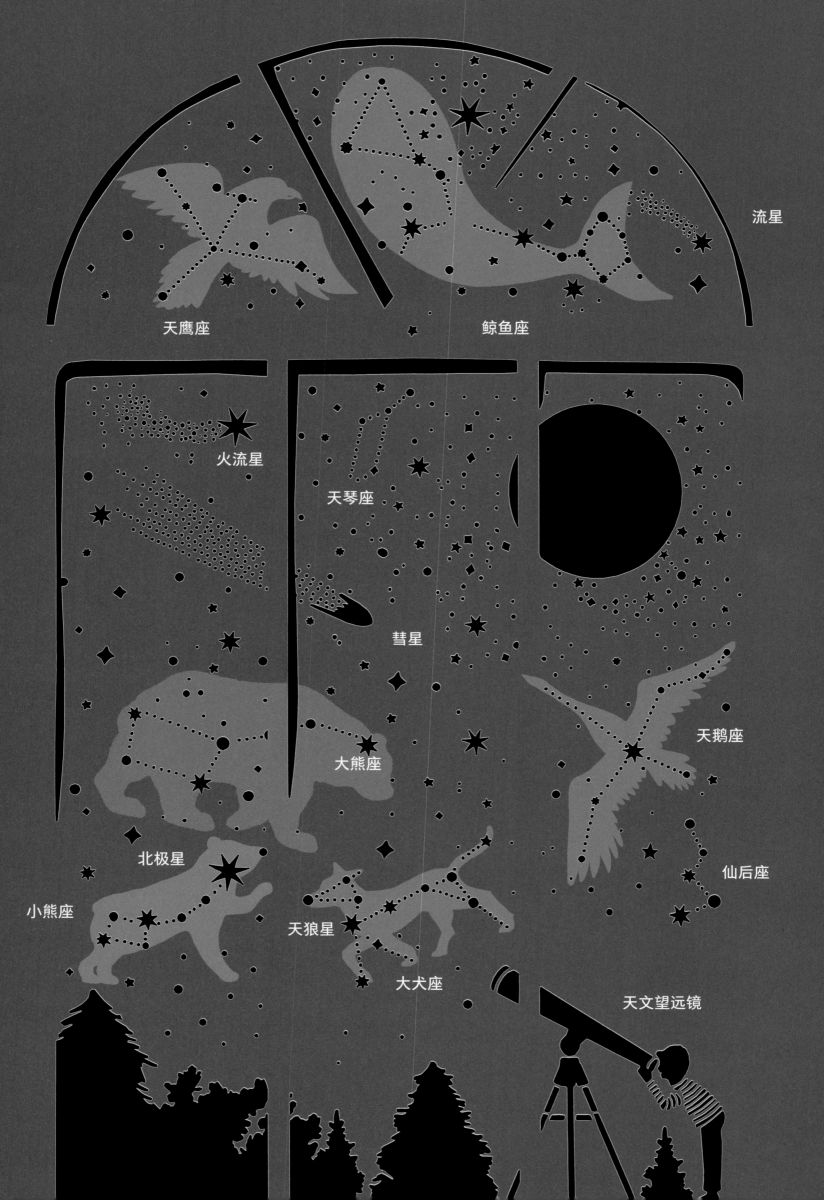

天鹰座

鲸鱼座

流星

火流星

天琴座

彗星

大熊座

天鹅座

北极星

仙后座

小熊座

天狼星

大犬座

天文望远镜

天文台

"太阳家族"

太阳虽然已经46亿岁了，但是它仍正值中年。依靠它提供的阳光与热量，地球才得以有孕育生命的可能。围绕着这颗恒星运转的有8颗行星、矮行星和许多小型天体（如小行星、彗星、尘埃），而这些天体自身又附带着数百颗天然卫星。所有这些成员在太阳的巨大引力中组成了一个大家庭——太阳系，镶嵌在浩渺的银河系中。

小行星带位于火星和木星的轨道之间，由成千上万个大小迥异的石块和金属体构成，其中还包括最小的矮行星——谷神星。

柯伊伯带地处太阳系的外缘，主要由冰物质和矮行星（如冥王星、鸟神星、妊神星）构成，这里也是彗星的集散地。在该区域之外，星际介质可抗衡太阳风，这里便是日球层顶——太阳系的边界。

太阳系8颗行星的自转速度各不相同。除地球外，其余行星的外文名字都取自古希腊或古罗马神话中的神。

距离我们最近的类地行星由岩石和金属组成：

• 水星：太阳系中个头最小的行星，遍布着陨石坑；

• 金星：温度最高，夜幕中第一个现身而黎明时最后一个隐去的星。

• 地球：我们居住的蓝色星球。

• 火星：这个红色星球拥有最大的火山，曾经有液态的水。

距离我们较为遥远的"巨型"行星有星环。其中包括：木星、土星以及两颗冰态巨行星（天王星、海王星）。

• 木星：太阳系中个头最大的行星，它拥有最大的卫星（比水星还大）。

• 土星：在地球上（用普通望远镜）即可看到它的星环——实质上这个星环由大大小小的冰块组成。

• 天王星：温度最低的行星，在其轨道上"躺着"公转。

• 海王星：距离太阳最远的行星，风速极快。我们无法裸眼看到它，实在太可惜了——因为那里会下钻石雨！

海王星

柯伊伯带

天王星

土星

木星

小行星带

火星

地球

月球

太阳

水星

金星

* 与恒星不同，行星不发光，但会反射太阳光。

地球是我们的家园，但我们却给予它苦难：化学物质、放射性物质，生活废料、工业垃圾……虽然这些污染物未必都肉眼可见，但却危害极大，改变了生态环境——大自然无法将之全部净化，自然生命周期也变得紊乱。这样的生态危机令所有生命体——植物、动物和人类——处于危险之中。

环境危机

像水和土壤一样，天空也为环境污染付出了巨大的代价：车辆、供暖、工厂——人类生产和生活排出的废气和颗粒物对空气造成污染，即便在高层大气中也有飞机产生的污染物残留。除了煤炭和石油的燃烧，伐木、化肥以及反刍动物的粪便都会导致空气中二氧化碳比例的升高，从而加剧温室效应。如同蔬菜大棚一样，这种效应不可或缺，为生命体的繁衍和发展储存一定热量，但不能过度：由人类活动引起的"温室环境"已经令我们星球上的温度升高了半度。城市中的公共照明也造成了光污染，干扰了生物节律，影响动物的夜间活动和迁徙。于人类自身而言，全球83%的人已经体会不到真正的黑夜！

不过，人类也在学习如何从大自然中获取"清洁"能源（绿色能源）——这种天然的环保能源几乎是取之不尽的宝藏：这些能源消耗后可以迅速再生，是可再生能源。尤其是太阳，其本身就是一个绝佳的能源提供体，人们对其辐射的能量有多种利用方式，比如可借助光伏板将其转化为电能，或者转化成热能以供应热水，还可以转化成蒸汽，驱动水轮发电机运转。风力发电机是20世纪的现代风车，其转子叶片受到风的推动产生机械能，继而带动发电机发电。■

太阳能板

雨水可收设备

风力发电机